GO FIGURE series:
A MATHS JOURNEY THROUGH COMPUTER GAMES
by Hilary Koll and Steve Mills

Original English language edition first published in 2016 under the title *GO FIGURE series: A MATHS JOURNEY THROUGH COMPUTER GAMES* by Wayland, an imprint of Hodder and Stoughton, Carmelite House, 50 Victoria Embankment, London, EC4Y 0DZ
Copyright © Hodder and Stoughton 2016
All rights reserved.

Japanese language edtion's Copyright © Ohmsha, Ltd. 2017
Ohmsha, Ltd.
3-1 Kanda Nishikicho, Chiyoda-ku, Tokyo, Japan 101-8460
All rights reserved.
Japanese translation rights arranged with HODDER AND STOUGHTON LIMITED (on behalf of its publishing imprint Wayland, a division of Hachette Children's Group) through Japan UNI Agency, Inc., Tokyo.

No part of this publication may be reproduced, stored in a retrieval system, or transmitted in any form or by any means, electronic, mechanical, photocopying, recording, scanning, or otherwise, without the prior written permission of the publisher.

Picture credits
4tl iStockphoto.com/yelet, 4cl iStockphoto.com/colematt, 6-7 iStockphoto.com/Henrik5000, 8-9 iStockphoto.com/dem10, 10tl iStockphoto.com/fcknimages, 10-11 iStockphoto.com/guvendemir, 14tl Dreamstime.com/Chuckchee, 16-17 iStockphoto.com/ Robin Hoood, 18-19 iStockphoto.com/PinkPueblo, 20-21 iStockphoto.com/Zelimir Zarkovic, 22tl JoeLena, 22cl iStockphoto.com/CoreyFord, 22bl iStockphoto.com/Naz-3D, 24tl iStockphoto.com/inides, 26tl iStockphoto.com/carbouval

本書を発行するにあたって，内容に誤りのないようできる限りの注意を払いましたが，本書の内容を適用した結果生じたこと，また，適用できなかった結果について，著者，出版社とも一切の責任を負いませんのでご了承ください．

本書は，「著作権法」によって，著作権等の権利が保護されている著作物です．本書の複製権・翻訳権・上映権・譲渡権・公衆送信権（送信可能化権を含む）は著作権者が保有しています．本書の全部または一部につき，無断で転載，複写複製，電子的装置への入力等をされると，著作権等の権利侵害となる場合があります．また，代行業者等の第三者によるスキャンやデジタル化は，たとえ個人や家庭内での利用であっても著作権法上認められておりませんので，ご注意ください．

本書の無断複写は，著作権法上の制限事項を除き，禁じられています．本書の複写複製を希望される場合は，そのつど事前に下記へ連絡して許諾を得てください．

(社)出版者著作権管理機構
(電話 03-3513-6969，FAX 03-3513-6979，e-mail: info@jcopy.or.jp)

算数パワーでやってみよう！ ④

算数で探る ドキドキ！ゲーム攻略

共著：ヒラリー・コーレ／スティーブ・ミルズ
訳　：みちしたのぶひろ
監訳：伊藤真由美・瀬沼花子・富永順一

Ohmsha

目次

1. きれいな画面の秘密を探ろう …………… 04
2. 時間と速さの関係を知ろう …………… 06
3. 地図の場所を数字で表そう …………… 08
4. 大きな数の計算のコツ …………… 10
5. 3Dに挑戦 …………… 12
6. 比べづらい物を比べる …………… 14
7. 1秒より小さな時間の単位 …………… 16
8. 「＝」の左と右のバランス …………… 18
9. 直線のグラフ …………… 20
10. 全体に対する割合を求めよう …………… 22
11. 三角形の3つの角と3辺 …………… 24
12. 四角形の種類を知ろう …………… 26

「やってみよう！」の答え …………… 28

算数キーワード …………… 30

索引 …………… 32

算数で探る
ドキドキ！ゲーム攻略

算数を使って、いろいろなゲームを攻略しよう。
算数はパズルゲームはもちろん、いろいろなゲームの攻略で役に立つよ。
ゲームマスターを目指してね！

これを学ぶよ
比

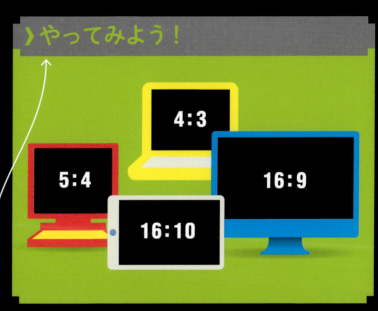

やってみよう！

4:3
5:4
16:9
16:10

各ミッションで学ぶ内容のキーワードをとりあげているよ。

学んだ内容と関連したチャレンジ問題だよ。

「答え」と「算数キーワード」

「やってみよう！」の答えは、28ページにあるよ。
太字で書かれた言葉は、30ページに説明があるよ。

「やってみよう！」の問題を解くときに電卓を使うほうがよいかどうかは、おうちの方や先生に、聞いてみてね。

用意するもの

えんぴつかペン

ノート

分度器

ミッション1

きれいな画面の秘密を探ろう

ゲーム機のディスプレイやテレビの画面のきれいさを比べるときは、横とたての比と画素数というものに注目するんだ。

これを学ぶよ
比

比とは、1：2のように2つ以上の数を「：」記号でつなげて、割合を表すものだよ（1：2は「いちたいに」と読むよ）。

横とたての比（アスペクト比）とは、横とたての長さ比のことだよ。たとえば、1280×1024のテレビ画面の場合、横が1280ピクセル、たてが1024ピクセルだよ（ディスプレイやテレビの画面は、ピクセル（画素）という小さな点の集まりでできているよ）。

比は、「：」の左の数と右の数を同じ数でわるとかんたんになることがあるよ。たとえば1200：900なら、両方を300でわって4：3にできるね。

1280×800のディスプレイと、1680×1050のディスプレイの横とたての比は、比をかんたんにすると、どちらも16：10になるから、同じ比だとわかるね。さらに2でわればもっとかんたんな比にできるけれど、たとえば16：9のディスプレイと比べるなら、16：10のままとしたほうがいいね。

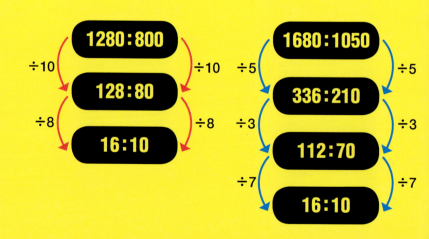

また、比どうしを比べるときは、比の値を求めると便利だよ。
比の値は、「：」の左の数を、「：」の右の数でわった値だよ。

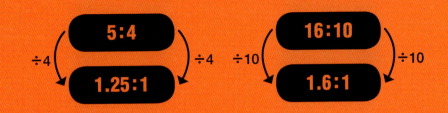

やってみよう！

画素数とは、ピクセル（画素）の数のことだよ。画面の大きさが同じなら、画素数が多いほうが、よりきれいに見えるよ。たとえば、1280×1024のテレビの画素数は、かけ算の答えの1310720になるんだ。

よく見かけるディスプレイの横とたての比

① 昔のコンピュータディスプレイは、640×480だったよ。
このディスプレイと1024×768のディスプレイの横とたての比は同じかな、ちがうかな？

② ゲーム用に1920×1200のディスプレイを手に入れたよ。
このディスプレイの横とたての比は、上の4つのイラストのうち、どれと同じかな？

③ ゲーム用には16：9の横とたての比が一番、と思っているプレイヤーが多いらしいよ。この比の値を求めよう（小数点以下第二位までの概数にしてね）。

④ 3840×2160のディスプレイは、4Kとよばれているよ。4Kディスプレイの横とたての比は、16：9になっているかな？

ミッション2 時間と速さの関係を知ろう

タイヤから煙をあげて、猛スピードで爆走する
レースゲームを攻略しよう。
時間（タイム）と速さ（スピード）にはどんな関係があるかな。

06

これを学ぶよ
速さ、道のり、時間

ある時間の間に進む道のりと速さには、次の式のような関係があるよ。

時間 ＝ 道のり ÷ 速さ

時速120km（1時間に120キロメートル進むということを表しているよ、120km/時とも書くよ）の速さの自動車が、6kmの道のりを進んだときにかかる時間は、

6km ÷ 120km/時 ＝ 0.05時間

1時間は60分だから、これを60倍すれば単位を「分」にできるね。

0.05時間 × 60 ＝ 3分

1分は60秒だから、さらにこれを60倍すれば、単位が「秒」になるよ。

3分 × 60 ＝ 180秒

時速160kmで走る自動車が9km進むときはこうなるね。

9km ÷ 160km/時 ＝ 0.05625時間

×60 →

0.05625時間 × 60 ＝ 3.375分

×60 →

3.375分 × 60 ＝ 202.5秒

やってみよう！

この表は、このゲームに出てくる2つのレースコース（メルボルン、セパン）での上位プレイヤーのランキングだよ。

ランキング

メルボルン　1周8km			セパン　1周15km		
名前	タイム（秒）	順位	名前	タイム（秒）	順位
ユウマ	179.5	1	アミ	342.5	1
サトル	182.5	2	アオイ	358.5	2
アミ	185	3	ユウマ	386.5	3

1 下の5つのレースコースでのきみのタイムは次のとおりだ。
それぞれ単位を「分」から「秒」に変えてね。

サヒール　　：1分
ソチ　　　　：1.6分
バルセロナ　：4分
モンテカルロ：2.5分
オースティン：2.8分

2 メルボルン（1周8km）で、きみはいい結果が出たよ。そのときの平均の速さは時速160kmだったよ。

①タイムはいくつだったかな。単位を「秒」にして答えてね。

②上のランキング表で、何位になるかな？

ミッション3 地図の場所を数字で表そう

どろぼうの隠れ家にのりこんで、ぬすまれたお金をとりかえすゲームだよ。

これを学ぶよ
座標

地図やグラフで、ある点の位置を示すときは、座標という2つの数字の組み合わせを使うよ。

横の軸をx（エックス）軸、たての軸をy（ワイ）軸、そして、それらが交わった点を原点というよ。x軸とy軸は垂直に交わるよ。

ある点からx軸に垂直に線を引いて交わったx軸のめもりの値をx座標、y軸に垂直に線を引いて交わったy軸のめもりの値をy座標というよ。
座標はそれら2つの値を順番に（　）の中に、「,」でくぎって書いたものだよ。
点Aはx座標が3、y座標が4なので、点Aの座標は(3, 4)と書くよ。

また、x軸では原点より左をマイナス、y軸では原点より下をマイナスで表すよ。

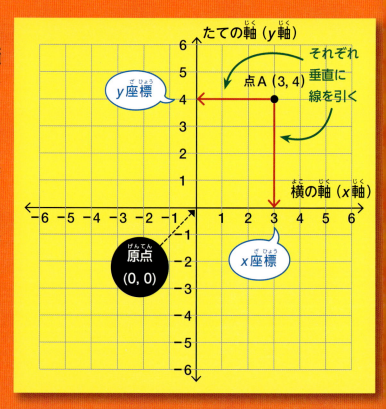

〉やってみよう！

どろぼうは、隠れ家のあちこちにぬすんだお金を隠しているよ。できるだけ多くのお金をとりかえしながら、どろぼうたちに見つからないように、4か所ある出口のどれかから脱出しよう。いまいるのは、😐 がある原点の(0, 0)地点だ。どろぼうに見つかるから、後もどりはできないよ！　※$はドルというお金の単位を表しているよ。

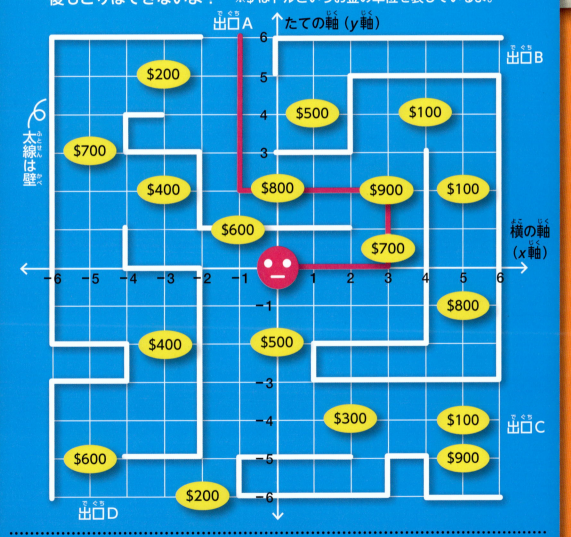

❶ 次のルートで動いたとき、お金をいくらとりかえせるかな？
　① (0, 0) → ② (0, −4) → ③ (5, −4) →
　④ (5, −5) → ⑤ (6, −5)

❷ 原点からスタートして赤の線にそって動くときのルートを、左の❶と同じく座標で表してね。

ミッション4 大きな数の計算のコツ

ヘリコプターに乗って、市街戦を戦い抜くアクションゲームをしよう。このゲームでは、大きな数がたくさん出てくるよ。
大きな数の計算は少しめんどうだね……。

これを学ぶよ　大きな数の計算

大きな数を足したり引いたりするときは、それぞれの数字が表す「位」をそろえてから、一の位、十の位と右のほうから順番に計算すると便利だよ。

たとえば、1426709（142万6709）に 10040（1万40）を足すときは、十の位の0に4を、一万の位の2に1を足せばいいね。

千億	百億	十億	一億	千万	百万	十万	一万	千	百	十	一
				1	4	2	6	7	0	9	
				＋			1	0	0	4	0
				＝	1	4	3	6	7	4	9

位を正しくそろえれば、暗算でもできそうだね。

引き算も同じやり方でできるね。次は、24586794 − 1002090 を計算した結果だよ。

千億	百億	十億	一億	千万	百万	十万	一万	千	百	十	一
				2	4	5	8	6	7	9	4
			−		1	0	0	2	0	9	0
			=	2	3	5	8	4	7	0	4

やってみよう！

ファイナルステージのきみの結果は次のとおりだ。

開始時のポイント
1220694 ポイント

敵のロケット弾をよけた
プラス 15000 ポイント

カラスとぶつかった
マイナス 5100 ポイント

スナイパーに打たれた
マイナス 120000 ポイント

司令本部を守った
プラス 20400 ポイント

町にかかる橋を守った
プラス 500000 ポイント

❶ ファイナルステージをクリアしたときのきみのポイントはいくつかな？

❷ ファイナルステージ開始時のポイントから、何ポイント増えたかな？

❸ 現在のランキング表は右上のとおりだよ。きみの結果は何位にランクインするかな？

順位	名前	ポイント
1位	エレナ	1680000
2位	ソウタ	1635000
3位	サラ	1630999
4位	マサト	1630993
5位	タケル	1630256

ミッション5 ３Dに挑戦

制限時間内に、右と左の立体図形を同じ形にする、３D（立体）のパズルゲームだよ。
立体は一度に全体を見ることができないから、想像力が試されるんだ。

これを学ぶよ
立体を見る方向と体積

立体は、見る方向を変えるとちがう形に見えるときがあるね。
見る方向によって、見えるところと見えないところがあるからだね。

でも、見る方向に関係なく、立体そのものの形は変わらないよ。
だから、見る方向を変えても体積は変わらないよ。

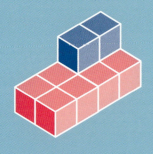

左の立体は、青い立方体の下のところが見えないね。でも、青い立方体の下にも立方体がないと、青い立方体が下に落ちてしまうよね。そう考えれば、左の立体をつくるには全部で10個の立方体が必要だとわかるんだ。

下の図は、同じ立体を、２つのちがう方向から見たものだよ。

上下を逆にしたり、回転させたりすると、ちがった形に見えるね。

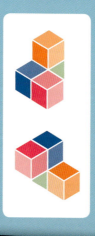

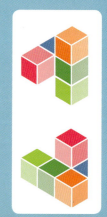

やってみよう！

ステージごとに、左右の立体のどちらかから、1つだけ立方体のブロックを動かして、左右を同じ形にしよう。
なお、1ブロックは1cm³（立方センチメートル）だよ。
※形が同じなら、色は気にしなくてもいいよ。

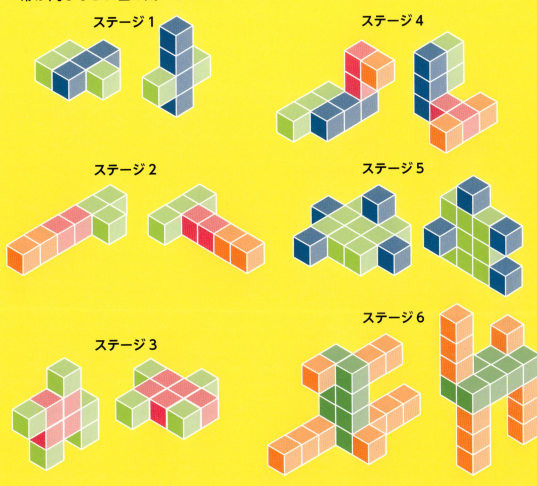

① ステージ1〜6のそれぞれで、どのブロックを動かせば左右の図形が同じ形になるかな？

② ステージクリアで、できた図形の体積1cm³あたり1000ポイントが獲得できるよ。ステージ1〜6まで全部をクリアしたときは、合計で何ポイントかな？

ミッション6 比べづらい物を比べる

ふしぎな魔法商人にコインをはらって、石ころをダイヤモンドにしてもらうよ。
1回でできるダイヤモンドの数と、はらう費用に気をつけて、だまされないように注意しよう。

これを学ぶよ
単位量あたりの大きさ

200g(グラム)で80円のジュースと、150gで60円のジュースのように、量と値段の両方がちがう物を比べる場合、どっちが得か、すぐにはわからないよね。

こういうときは、「1gあたり」の値段か「1円あたり」の量にして(単位量あたりの大きさにして)から、比べる必要があるよ。
(比べるほうの量)÷(比べないほうの量)=(単位量あたりの大きさ)
という計算をすると、上のジュースの例はどちらも同じだとわかるよ。

下の3つの小麦粉の量を比べたいときは、それぞれの重さを値段でわればいいよ。

100円で124g	124÷100=1.24 1円あたり1.24g
80円で100g	100÷80=1.25 1円あたり1.25g
50円で60g	60÷50=1.2 1円あたり1.2g

黒いふくろの小麦粉が同じ値段で一番多く買えるとわかるね。

3人の魔法商人のうち、だれにたのめば、一番少ないコインで、たくさんのダイヤモンドが手に入るかな。

 A 50まいで90個 　90÷50=1.8 1まいあたり1.8個

 B 36まいで54個 　54÷36=1.5 1まいあたり1.5個

 C 18まいで30個 　30÷18=1.666… 1まいあたり約1.67個

Aの魔法商人にたのむのが一番お得だね。

単位量あたりの大きさにして比べるときに、わり切れないものがある場合は、四捨五入して概数にしよう。
右は、どちらも小数点以下第三位で四捨五入して、小数点以下第二位までの概数にしているよ。

1.93**3**33333…→1.93
↑4以下だから切り下げ

1.62**7**906977…→1.63
↑5以上だから切り上げ

やってみよう！

魔法商人別に、つくるダイヤモンドの数、はらうコインのまい数をまとめたよ。
もっているコインのまい数は80まいで、同じ魔法商人には1回しかたのめないよ。

魔法商人	1回のダイヤモンドの数	はらうコインのまい数
アストラ	70個	43まい
シェム	60個	34まい
ゾーン	40個	21まい
フィルトン	33個	18まい
セオ	28個	16まい

1 ①魔法商人ごとに、コイン1まいあたりのダイヤモンドの個数を求めよう。わり切れないときは、小数点以下第三位までの概数にしてね。
②コイン1まいあたりに、つくるダイヤモンドの個数が一番多いのは誰かな？
③コイン1まいあたりに、つくるダイヤモンドの個数が一番少ないのは誰かな？

2 シェムに1回たのむと、フィルトンとセオに1回ずつたのむのとでは、はらうコインのまい数が同じだね。それでは、シェム1人にたのむのと、フィルトンとセオの2人にたのむのとでは、どちらがより多くのダイヤモンドが手に入るかな？

3 コイン80まいで、アストラ、ゾーン、セオの3人にたのむと、ダイヤモンドは何個になるかな？ また、これをコイン1まいあたりになおすと何個かな？

ミッション7 1秒より小さな時間の単位

超音速のジェット機で空をかけぬけるゲームでは、速さを比べるのに、1秒より小さな時間の単位が必要だね。

これを学ぶよ
時間の単位と計算

時間の単位は、漢字を使う以外にも、「:」と点、または「′」「″」などの記号で表されるよ。

たとえば、3分40秒99は、3:40.99や3′40″99と、表すことができるんだ。

3:40.99
単位： 分　秒　100分の1秒

1秒より短い時間を表すときは、「100分の1秒」という単位を使うことが多いよ。60秒で1分、60分で1時間というように、秒と分は60ごとに単位がくり上がるけれど、「100分の1秒」は100ごとにくり上がるから、注意しよう。

4:56.40 + 0:00.61 = 4:57.01

たとえば4分56秒40に0秒61を足すと「100分の1秒」の部分が40＋61＝101になるから、くり上がって「秒」が1増え、4分57秒01になるね。

| 4:57.01 | + | 0:03.00 |
| = | 5:00.01 | |

4分57秒01に3秒を足すとき
「秒」の部分が57秒01＋03秒00＝60秒01になるから、くり上がって「分」が1増え、5分00秒01になるね。

| 55:59.50 | + | 0:00.50 |
| = | 56:00.00 | |

55分59秒50に0秒50を足すとき
「100分の1秒」の部分を足すと50＋50＝100になるから、くり上がって「秒」が1増え、59＋1＋00＝60秒でさらにくり上がって「分」が1増え、56分00秒00となるね。

やってみよう！

この表は、きみのクリアタイムをステージごとにならべたものだよ。

ステージ	クリアタイム
▶ローレム城の攻防	10:20.00
▶プリンセスを助け出せ	05:05.50
▶コルトラ砦からの脱出	01:03.50
▶完全包囲網を突破しろ	10:01.03
▶空母シリリスを急襲しろ	02:30.50
▶リケ海沖空中戦を制せ	03:56.87
▶ベッケル軍の逆襲	09:45.78

① 「ローレム城の攻防」は、制限時間の11分以内にクリアしないとゲームオーバーになるんだ。きみのクリアタイムは11分より何秒短かったかな？

② 「ベッケル軍の逆襲」は、制限時間の9分46秒以内にクリアしないとゲームオーバーになるんだ。きみのクリアタイムは、9分46秒よりどれくらい短かったかな？

③ 「ローレム城の攻防」と「プリンセスを助け出せ」の2つのステージでかかった時間の合計を求めよう。

④ 今回のクリアタイムの合計は、42分43秒18だったよ。制限時間の合計の45分00秒と比べて、どれくらい短かったかな？

ミッション8

「=」の左と右のバランス

左右のはこに入っている数字をあやつって、モンスターが隠しもっている数を当てるゲームだよ。左のはこと右のはこは、つり合っていないといけないからね。バランスがくずれるとゲームオーバーだよ！

これを学ぶよ
等式

等号（イコール）「=」でつながれた式では、左と右のそれぞれの合計がかならず同じになるよ。だから、等式ともいわれるんだ。

左のはこから7を引けば、左のはこはモンスターだけになるね。

左のはこから7を引いたときは、右のはこでも7を引けば、左右のはこのバランスはくずれないよ。

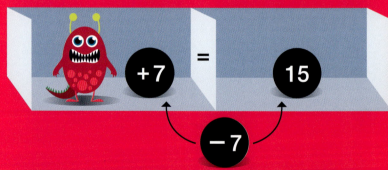

左のはこにはモンスターが、右の部屋には15−7=8で8が残るね。これで、モンスターが隠しもっている数は8だとわかるよ。

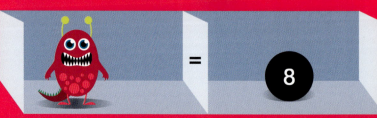

「=」の左にある □ のほかのじゃまな数字は、「=」の左と右の両方で逆の計算をすれば消せるよ。

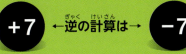

たとえば、
□ − 9 = 5
□ − 9 + 9 = 5 + 9
□ = 14

□ ÷ 5 = 5
□ ÷ 5 × 5 = 5 × 5
□ = 25

やってみよう！

モンスターが隠しもっている数を見つけ出そう（モンスターどうしを足したり、引いたり、かけたり、わったりすることもできるよ）。

ステージ 1

ステージ 3

ステージ 2

ステージ 4

ステージ 5

1 それぞれのステージで、モンスターが隠しもっている数は何かな？

2 自分で新しいステージをつくろう。モンスターが隠しもっている数が ① 6、② 10、③ 100 になるようなステージを考えてね。

3 片側のはこにモンスターが3びき、反対側のはこにモンスターが2ひきいるステージをつくってみよう。モンスターが隠しもっている数が3になるようにしてね。

ミッション9 直線のグラフ

敵をレーザービームでねらい打とう。
正確な位置と角度に直線のグラフを
かくには、何に注目をするといいかな。

これを学ぶよ
直線のグラフ

ここでは、直線のグラフ（1次関数）について学ぶよ。
このようなグラフでは、片方が決まった数だけ増えると、
もう1つも決まった数だけ増えて、片方が決まった数だけ
減ると、もう1つも決まった数だけ減るよ。

右の直線のグラフが通る数の組み合わせを書き出してみたよ。

(−5, −4) (−2, −1) (−1, 0)
(1, 2) (3, 4) (5, 6)

どの点も、y座標の値は
（x座標の値）＋1 になっているね。
1次関数の式で表すと、
$y = x + 1$
となるよ。

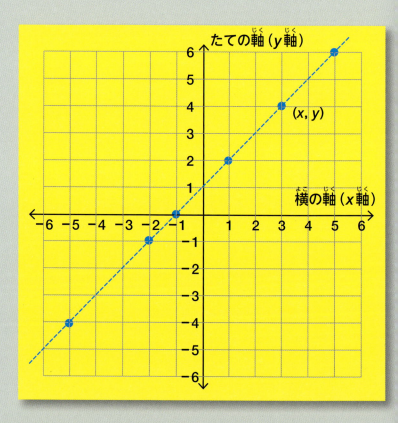

やってみよう！

レーザービームの通る点の座標を考えよう。

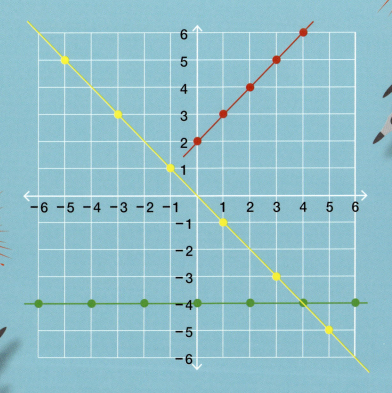

① 赤い直線のグラフにそってレーザービームを打つよ。このときには、(0, 2)、(1, 3)、(2, 4)、(3, 5)、(4, 6) を通るね。ここで、それぞれの点の x 座標と y 座標の間にはどんな関係があるかな？

② 図で緑色の直線の上にある点の座標をもとめよう。それぞれの点の x 座標と y 座標の間にはどんな関係があるかな？

③ 図の黄色い直線の上にある点の座標をもとめよう。それぞれの点の x 座標と y 座標の間にはどんな関係があるかな？

ミッション10 全体に対する割合を求めよう

白亜紀を旅して、恐竜を仲間にしていくゲームだよ。友だち度が低いと、仲間にさそっても失敗しやすいよ。

これを学ぶよ
分数と百分率（パーセント）

全体に対する一部分の割合を表すときに、分数を使うこともできるよ。全体の数を分母、一部分の数を分子とするんだ。

たとえば、仲のよさを表す数（友だち度）が最大800の恐竜で、いまの友だち度が200とすると、友だち度の割合は $\frac{200}{800}$ と書けるね。

分数の分母と分子をそれぞれの**公約数**（どちらの数もわり切れる数）でわってかんたんな分数にすることを**約分**というよ。$\frac{200}{800}$ の場合は、分母と分子の両方を200でわると $\frac{1}{4}$ になるね。最大公約数（どちらの数もわり切れる数のうち、一番大きな数）で約分したときの分数を、もっともかんたんな分数というよ。

$$\frac{200}{800} \xrightarrow[\div 200]{\div 200} \frac{1}{4} \qquad \frac{77}{140} \xrightarrow[\div 7]{\div 7} \frac{11}{20}$$

$$\frac{3060}{7650} \xrightarrow[\div 10]{\div 10} \frac{306}{765} \xrightarrow[\div 3]{\div 3} \frac{102}{255} \xrightarrow[\div 51]{\div 51} \frac{2}{5}$$

全体に対する割合を比べるときは、**百分率**（パーセント、％）で表すとわかりやすいよ。
分数を百分率にするときは、分母が100のときの分子の数だから、比べる数の分母がそれぞれ100になるようにすればいいね。
たとえば、$\frac{1}{4}$ と $\frac{11}{20}$ と $\frac{2}{5}$ を比べるときは次のようにしてみよう。

$$\frac{1}{4} \xrightarrow[\times 25]{\times 25} \frac{25}{100} = 25\%$$

$$\frac{11}{20} \xrightarrow[\times 5]{\times 5} \frac{55}{100} = 55\%$$

$$\frac{2}{5} \xrightarrow[\times 20]{\times 20} \frac{40}{100} = 40\%$$

やってみよう！

いままでに出会った恐竜について、友だち度を整理したよ。
100％から友だち度の百分率を引いた数が失敗率で、失敗率が高いとその恐竜を仲間にしづらいんだ。

名前	友だち度	最大友だち度	分数	もっともかんたんな分数	百分率	失敗率（100％－友だち度の百分率）
トリケラトプス	200	800	$\frac{200}{800}$	$\frac{1}{4}$	25％	75％
モササウルス	8	40				
ステゴサウルス	50	200				
アンキロサウルス	9	100				
プテラノドン	34	200				

1 ノートに上の表を写して、①モササウルス、②ステゴサウルス、③アンキロサウルス、④プテラノドンの失敗率を計算し、表を完成させてね。

2 失敗率が同じ恐竜はどれとどれかな？

3 ティラノサウルスの失敗率も調べたよ。最大友だち度1000で、現在の友だち度が60だ。失敗率はいくつになるかな？
一度、分数にしてから計算してみよう。
また、ほかの恐竜と失敗率を比べると、何番目になるかな？

ミッション11 三角形の3つの角と3辺

仲間と協力して、攻めこんでくるらんぼう者の集団から、町を守るゲームだよ。
たてと横の長さがわかっているときに、ななめの長さを定規を使わずにもとめる方法があるよ。

これを学ぶよ
三角形の3つの角と3辺の比

三角形には、3つの角の大きさが決まると3辺の長さの比が決まる、また3辺の長さの比が決まると3つの角の大きさが決まる、という性質があるんだ。

直角三角形で直角以外の角の角度が、60°と30°のときは、一番短い辺と一番長い辺の比は必ず1：2になるよ。

◎は★の2倍の長さ

直角三角形で直角以外の角の角度が、2つとも45°のときは、直角をはさむ2辺の長さはかならず同じになるよ。

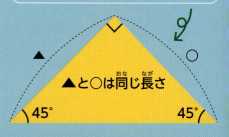

▲と○は同じ長さ

また、直角三角形の場合、直角をはさむ2辺をかけ算して2でわれば、面積がもとめられるね。

紙テープなどを12等分して、長さが3、4、5に分かれるよう印をつけてみよう。テープなどで両はしをくっつけて、印をつけたところで折り曲げると、直角三角形ができるよ。

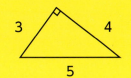

やってみよう！

らんぼう者の集団が攻めこんできたよ！
砦をつくって、くい止めよう。

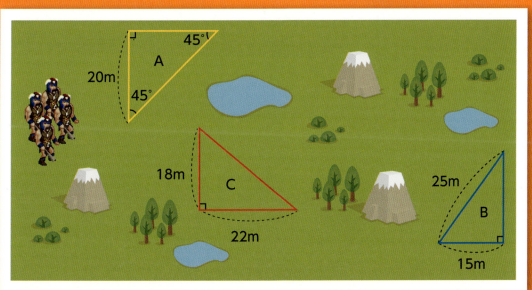

① それぞれの砦の面積をもとめよう。

② 砦の中には2m²に1人の割合でソルジャーをおくよ。一番たくさんのソルジャーがいる砦はどれかな？

③ すべての砦を合わせると、ソルジャーは何人になるかな？

ミッション12 四角形の種類を知ろう

四角形にはいろいろな種類があるよ。

これを学ぶよ 角と四角形

角の大きさを表す**角度**は、°（度）という単位を使って表すね。円1周を360等分してるよ。

四角形の4つの角の角度を足し合わせたときも360°になるよ。四角形の4つの角の角度を足し合わせると、ちょうど円を1周できるということなんだね。

また、三角形の3つの角の角度を足し合わせると180°になるよ。三角形の3つの角の角度を足し合わせると、ちょうど円を半周できるということだね。

分度器の内側の数字の順番のように、反時計回り（左回り）に角度を測ることが多いよ。そうすると、上の場合は130°ではなく、50°だね。

平行四辺形：向かい合う辺が**平行**な四角形（a, b, c, d 全部）
長方形　：4つの角がすべて直角の、特別な平行四辺形（aとd）
正方形　：4つの角がすべて直角で4つの辺の長さが同じ、特別な長方形（d）
ひし形　：向かい合う辺が**平行**で、辺の長さがすべて同じ、特別な平行四辺形（cとd）

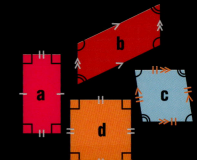

台形　：向かい合った1組の辺が平行な四角形（eとf）。
たこ形：となり合う2つの辺の長さが等しい組が2組ある
　　　　四角形（gとh）。
iは、どれにもあてはまらない四角形だよ。

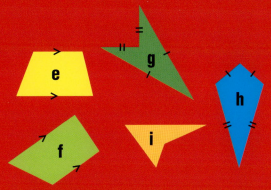

やってみよう！

次々に飛んでくる四角形のかけらを逃さず、打ち落とそう。
角度を正しく求めて、それぞれの問題で指している四角形に当てよう。

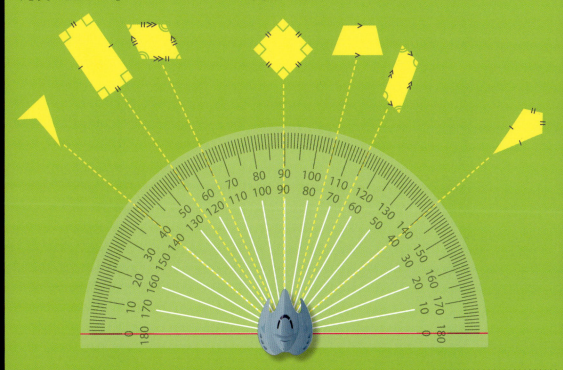

1 図の分度器で90°の方角にミサイルを発射すると、どの四角形に当たるかな？その四角形の特徴を表す名前で答えてね。

2 ひし形のかけらは反時計回りで何度（°）の位置にあるかな？

3 時計回りに140°（反時計回りだと40°）の方角にミサイルを発射すると、何という名前の四角形に当たるかな？

「やってみよう!」の答え

ミッション1　きれいな画面の秘密を探ろう
❶ 同じ。640：480＝4：3（両辺を160でわる）、1024：768＝4：3（両辺を256でわる）だから、同じ比だね。

❷ 白いわくのディスプレイのイラストと同じ。1920：1200＝16：10（両辺を120でわる）

❸ 1.78。16÷9＝1.777…。小数点以下第三位で四捨五入して、小数点以下第二位の概数にして、比の値は1.78。

❹ なっている。3840：2160＝16：9（両辺を240でわる）

ミッション2　時間と速さの関係を知ろう
❶ サヒール：60秒。1×60＝60
ソチ：96秒。1.6×60＝96
バルセロナ：240秒。4×60＝240
モンテカルロ：150秒。2.5×60＝150
オースティン：168秒。2.8×60＝168

❷ ① 180秒。8÷160＝0.05時間だから、0.05×60＝3分。もう一度60をかけて、3×60＝180秒
② 2位（ユウマの次）。

ミッション3　地図の場所を数字で表そう
❶ $1800。500＋300＋100＋900＝1800
❷ (0, 0) → (3, 0) → (3, 2) → (-1, 2) → (-1, 6)

ミッション4　大きな数の計算のコツ
❶ 1630994ポイント。
1220694＋15000－5100
－120000＋20400＋500000＝1630994
❷ 410300ポイント増えた。
1630994－1220694＝410300
❸ 4位

ミッション5　3Dに挑戦
❶ ×印が付いたブロック。

ステージ1

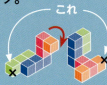
ステージ4

ステージ2

ステージ5

ステージ3

ステージ6

❷ 62000ポイント。
6000＋7000＋9000＋9000＋13000＋18000＝62000

ミッション6　比べづらい物を比べる
❶ ① アストラ：1.628まい。70÷43＝1.627906…
シェム：1.765まい。60÷34＝1.764705…
ゾーン：1.905まい。40÷21＝1.904761…
フィルトン：1.833まい。33÷18＝1.8333333…
セオ：1.75まい。28÷16＝1.75
② ゾーン　③ アストラ

❷ フィルトンとセオの2人にたのんだほうが、多くのダイヤモンドが手に入る。シェムは1回で60個。フィルトンとセオの2人は合わせて61個。33＋28＝61

❸ 138個。70＋40＋28＝138
コイン1まいあたり1.725個。
138÷80＝1.725

ミッション7　1秒より小さな時間の単位

❶ 40秒。0秒から20秒は引けないので、11分から1分をくり下げて、60-20=40。次に分と分を引くと、10-10=0

❷ 100分の22秒。9分46秒は「100分の1秒」が0なので、秒から1秒をくり下げて、100-78=22。次に分と分、秒と秒を引く。

❸ 15分25秒50。
```
  10分20秒00
+  5分 5秒50
―――――――――――
  15分25秒50
```

❹ 2分16秒82。
```
  45分00秒
- 42分43秒18
―――――――――――
   2分16秒82
```

ミッション8　「＝」の左と右のバランス

❶ それぞれじゃまな数字を逆の計算をして消す。
- ステージ1：5。15÷3=5
- ステージ2：19。13+6=19
- ステージ3：16。4×4=16
- ステージ4：9。左と右の両方からモンスターを引く。
- ステージ5：5。左と右の両方からモンスターと3を引く。

❷ おうちの方や先生にみてもらおう！
※答えは何通りもあるよ。

❸ おうちの方や先生にみてもらおう！
※答えは何通りもあるよ。

ミッション9　直線のグラフ

❶ y座標の値からx座標の値を引くと、2になる。または、y座標の値はx座標の値に2を加えた値。

❷ (−6, −4) (−4, −4) (−2, −4) (0, −4) (2, −4) (4, −4) (6, −4)
x座標の値に関係なく、y座標の値はつねに−4。

❸ (−5, 5) (−3, 3) (−1, 1) (1, −1) (3, −3) (5, −5)
x座標とy座標でプラスとマイナスが逆の数になる。

ミッション10　全体に対する割合を求めよう

❶ ① モササウルス：80%。
$\frac{8}{40} = \frac{1}{5} = \frac{20}{100} = 20\%$、100−20=80

② ステゴサウルス：75%。
$\frac{50}{200} = \frac{1}{4} = \frac{25}{100} = 25\%$、100−25=75

③ アンキロサウルス：91%。
$\frac{9}{100} = 9\%$、100−9=91

④ プテラノドン：83%。
$\frac{34}{200} = \frac{17}{100} = 17\%$、100−17=83%

❷ トリケラトプスとステゴサウルス。

❸ 失敗率は94%で、1番目。
$\frac{60}{1000} = \frac{6}{100} = 6\%$、100−6=94
アンキロサウルスの91%より高い。

ミッション11　三角形の3つの角と3辺

❶ A：200 m²、B：150 m²、C：198 m²。
Aは直角以外の角が2つとも45°なので、直角をはさむ2辺の長さは同じ。
だから、20×20÷2=200。
Bは3：4：5の直角三角形だから、25：15は5でわると5：3なので、4×5=20で、長さのわからない辺が20 mとわかる。
15×20÷2=150。
Cは18×22÷2=198。

❷ A
Aは200÷2=100で100人。
Bは150÷2=75で75人。
Cは198÷2=99で99人。

❸ 274人
100+75+99=274

ミッション12　四角形の種類を知ろう

❶ 正方形　❷ 115°　❸ たこ形

算数キーワード（50音順）

角度
角の大きさのこと。度という単位を使い、「°」で表す。

公約数
2つ以上の数があるとき、それらのどの数をわってもわり切れる（あまりが出ない）数。公約数のうち、一番大きな数を最大公約数という。

座標
垂直に交わる x 軸、y 軸に対する位置を表すための、数字の組み合わせのこと。

体積
立体のかさのこと。体積は立体の大きさを表す。立方センチメートル（cm^3）や立方メートル（m^3）などの単位を使う。

直線のグラフ
値の変化が直線で表されているグラフのこと。

直角三角形
1つの角の角度が90°（直角）である三角形。

比
2つ以上のものの量が、どういう関係にあるかを示したもの。たとえば、線1と線2の長さの比が2：1であれば、線1は線2の2倍の長さであることがわかる。

比の値
比の「:」の左の数を、「:」の右の数でわった値のこと。

百分率（パーセント）
全体に対する部分の割合を、分数の分母を100としたときの分子の数で表したもの。たとえば $42\% = \frac{42}{100}$

負の数
ゼロより小さい数（マイナスの数）。
例：−5、−3、−7

分度器
角度をはかるのに使う道具。半円のものが多いが、円形のものもある。

平行
線をどんどん伸ばしていったとき、同じ間隔のまま、どこまで行っても交わらない（ぶつからない）関係のこと。

約分
分数の分母と分子をそれぞれの公約数でわってかんたんな分数にすること。たとえば、$\frac{6}{8}$ は約分すると $\frac{3}{4}$ になる。比をかんたんにするときと、やっていることは同じ（たとえば、4:12 = 1:3）。

横とたての比
画面の横とたての比。アスペクト比ともいう。

索引

100分の1秒 ……………… 16
1次関数 …………………… 20
3D ………………………… 12
x軸 ………………………… 08
y軸 ………………………… 08

あ行
イコール ………………… 18

か行
概数 ……………………… 15
角度 …………………… 26, 30
画素 ……………………… 04
画素数 …………………… 05
決まった数 ……………… 20
位 ………………………… 10
原点 ……………………… 08
公約数 ………………… 22, 30

さ行
最大公約数 ……………… 22
座標 …………………… 08, 30
三角形 ………………… 24, 26
四角形 …………………… 26
時間 …………………… 06, 16
軸 ………………………… 08
四捨五入 ………………… 15
スピード ………………… 06
正方形 …………………… 26

た行
台形 ……………………… 27
体積 …………………… 12, 30
タイム …………………… 06
たこ形 …………………… 27
単位量あたりの大きさ … 14
長方形 …………………… 26
直線のグラフ ………… 20, 30
直角三角形 …………… 24, 30
等号 ……………………… 18
等式 ……………………… 18

は行
パーセント …………… 22, 31
速さ ……………………… 06
比 ……………………… 04, 30
ピクセル ………………… 04
ひし形 …………………… 26
比の値 ………………… 05, 31
百分率 ………………… 23, 31
負の数 …………………… 31
分数 ……………………… 22
分度器 ………………… 26, 31
平行 …………………… 26, 31
平行四辺形 ……………… 26

ま、や、ら行
道のり …………………… 06
もっともかんたんな分数 … 22
約分 …………………… 22, 31
横とたての比 ………… 04, 30
立体 ……………………… 12

〈著者略歴〉
ヒラリー・コーレ
小学校教諭 兼 大学非常勤講師
スティーブ・ミルズ
小学校および中学校教諭 兼 大学非常勤講師

〈訳者略歴〉
みちしたのぶひろ
『E-Mail セキュリティー』(オーム社)ほか、技術系著書、訳書多数。
近年は電気自動車や蓄電システム関連事業に従事。

〈監訳者略歴〉
伊藤 真由美
玉川学園 小学部教諭 算数科
瀬沼 花子
玉川大学 教育学部 教授、公益社団法人 日本数学教育学会 元理事
富永 順一
玉川大学 教育学部 教授、公益社団法人 日本数学教育学会 代議員

- 本書の内容に関する質問は、オーム社書籍編集局「(書名を明記)」係宛に、書状または FAX (03-3293-2824)、E-mail (shoseki@ohmsha.co.jp) にてお願いします。お受けできる質問は本書で紹介した内容に限らせていただきます。なお、電話での質問にはお答えできませんので、あらかじめご了承ください。
- 万一、落丁・乱丁の場合は、送料当社負担でお取替えいたします。当社販売課宛にお送りください。
- 本書の一部の複写複製を希望される場合は、本書扉裏を参照してください。

|JCOPY|＜(社)出版者著作権管理機構 委託出版物＞

算数パワーでやってみよう！4
算数で探る ドキドキ！ゲーム攻略

平成 29 年 11 月 1 日　第 1 版第 1 刷発行

著　者　ヒラリー・コーレ、スティーブ・ミルズ
訳　者　みちしたのぶひろ
監訳者　伊藤真由美・瀬沼花子・富永順一
発行者　村上和夫
発行所　株式会社オーム社
　　　　郵便番号　101-8460
　　　　東京都千代田区神田錦町 3-1
　　　　電話　03(3233)0641(代表)
　　　　URL　http://www.ohmsha.co.jp/

© オーム社 2017

組版　トップスタジオ　印刷・製本　図書印刷
ISBN978-4-274-22097-5　Printed in Japan